$$M_{136279841}$$

$$2^{136279841} - 1$$

縮刷版

本書で使用している精細印刷用のフォントの仕様
縦 30 ドット 横 10 ドット (2400 dpi)
一文字あたり およそ縦 0.3 mm ×横 0.1 mm

- 1 行 1,000 桁、1 ページ 500 行 50 万桁が掲載されています。

- 正確な値になるように十分注意を払いましたが、四千百二万が一、掲載した値が間違っていたとしても、発行者は責任をとれません。人命や財産に関わるような決定に本書を使用しないでください。

- 乱丁・落丁は在庫がある限りお取り替えします。

取扱い上の注意事項

1. 本書の主要部分は、精細な印刷がなされております。
2. 印刷特性上のカスレが存在しますが、これは仕様です。
3. 紙面に対して消しゴムをかけたり強くこすったり等すると、印刷の品質が損なわれる恐れがあります。

41024320–41000001　　　　　　　　　　M136279841 十進数表示

41024320–41000001　　　　　The decimal representation of M136279841

M 136279841

縮刷版

真実のみを記述する会 ◆ 暗黒通信団

M136279841 十進数表示　　　　　　　　　41000000–40500001

The decimal representation of M136279841　　　　41000000–40500001

40500000–40000001 M136279841 十進数表示

40500000–40000001 The decimal representation of M136279841

M136279841 十進数表示 40000000–39500001

The decimal representation of M136279841 40000000–39500001

39500000–39000001 M136279841 十進数表示

39500000–39000001 The decimal representation of M136279841

M136279841 十進数表示 39000000–38500001

The decimal representation of M136279841 39000000–38500001

38500000–38000001　　　　　　　　　　　　　　　　M136279841 十進数表示

38500000–38000001　　　　　　　　The decimal representation of M136279841

M136279841 十進数表示 38000000–37500001

The decimal representation of M136279841 38000000–37500001

37500000-37000001   M136279841 十進数表示

37500000-37000001   The decimal representation of M136279841

M136279841 十進数表示　　　　　　　　　37000000–36500001

The decimal representation of M136279841　　　　37000000–36500001

36500000–36000001 M136279841 十進数表示

36500000–36000001 The decimal representation of M136279841

M136279841 十進数表示 36000000–35500001

The decimal representation of M136279841 36000000–35500001

35500000–35000001　　　　　　　　　　　　　　M136279841 十進数表示

35500000–35000001　　　　　　　The decimal representation of M136279841

M136279841 十進数表示

35000000–34500001

The decimal representation of M136279841　　　　35000000–34500001

34500000–34000001   M136279841 十進数表示

34500000–34000001   The decimal representation of M136279841

M136279841 十進数表示 34000000–33500001

The decimal representation of M136279841 34000000–33500001

33500000–33000001　　　　　　　　　　　　M136279841 十進数表示

33500000–33000001　　　　　　The decimal representation of M136279841

M136279841 十進数表示 33000000–32500001

The decimal representation of M136279841 33000000–32500001

32500000–32000001 M136279841 十進数表示

32500000–32000001 The decimal representation of M136279841

M136279841 十進数表示 32000000–31500001

The decimal representation of M136279841 32000000–31500001

31500000–31000001   M136279841 十進数表示

31500000–31000001   The decimal representation of M136279841

M136279841 十進数表示 31000000–30500001

The decimal representation of M136279841 31000000–30500001

30500000–30000001 M136279841 十進数表示

30500000–30000001 The decimal representation of M136279841

M136279841 十進数表示 30000000–29500001

The decimal representation of M136279841 30000000–29500001

29500000–29000001   M136279841 十進数表示

29500000–29000001   The decimal representation of M136279841

M136279841 十進数表示　　　　　29000000–28500001

The decimal representation of M136279841　　　29000000–28500001

28500000–28000001　　　　　　　　　　　M136279841 十進数表示

28500000–28000001　　　　　The decimal representation of M136279841

M136279841 十進数表示　　　　　　　28000000–27500001

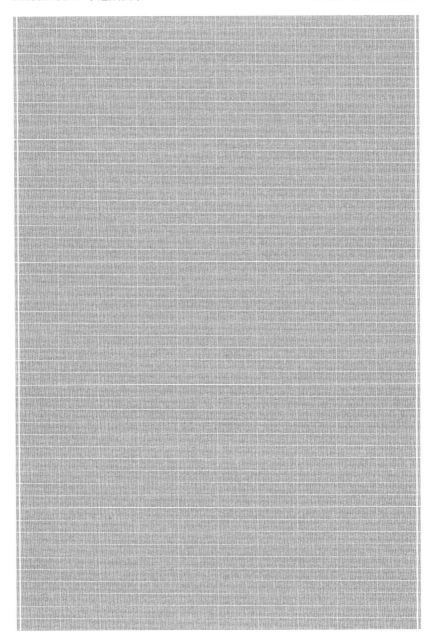

The decimal representation of M136279841　　　　　　　28000000–27500001

27500000–27000001 M136279841 十進数表示

27500000–27000001 The decimal representation of M136279841

M136279841 十進数表示　　　　27000000–26500001

The decimal representation of M136279841　　　　27000000–26500001

26500000–26000001 M136279841 十進数表示

26500000–26000001 The decimal representation of M136279841

M136279841 十進数表示 26000000–25500001

The decimal representation of M136279841 26000000–25500001

25500000–25000001 M136279841 十進数表示

25500000–25000001 The decimal representation of M136279841

M136279841 十進数表示 25000000–24500001

The decimal representation of M136279841 25000000–24500001

24500000–24000001　　　　　　　　　　　　M136279841 十進数表示

24500000–24000001　　　　　　The decimal representation of M136279841

M136279841 十進数表示 24000000–23500001

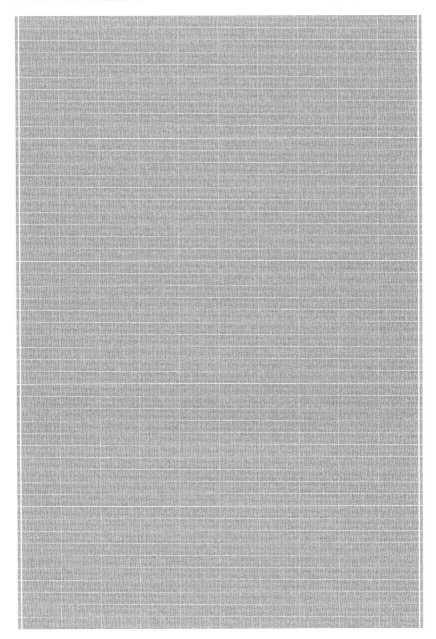

The decimal representation of M136279841 24000000–23500001

23500000–23000001 M136279841 十進数表示

23500000–23000001 The decimal representation of M136279841

M136279841 十進数表示　　　　　　　　　　23000000–22500001

The decimal representation of M136279841　　　23000000–22500001

22500000–22000001 M136279841 十進数表示

22500000–22000001 The decimal representation of M136279841

M136279841 十進数表示   22000000–21500001

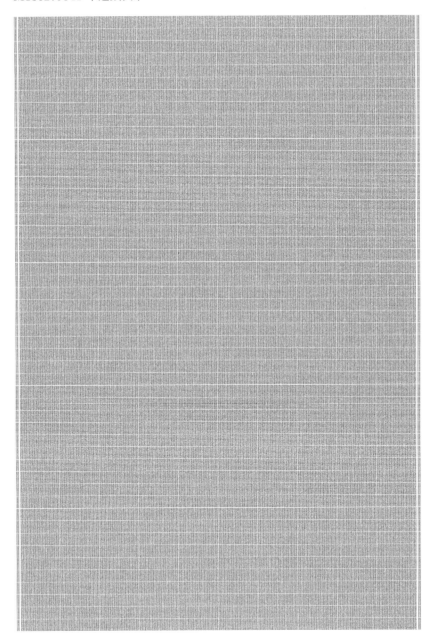

The decimal representation of M136279841   22000000–21500001

21500000–21000001   M136279841 十進数表示

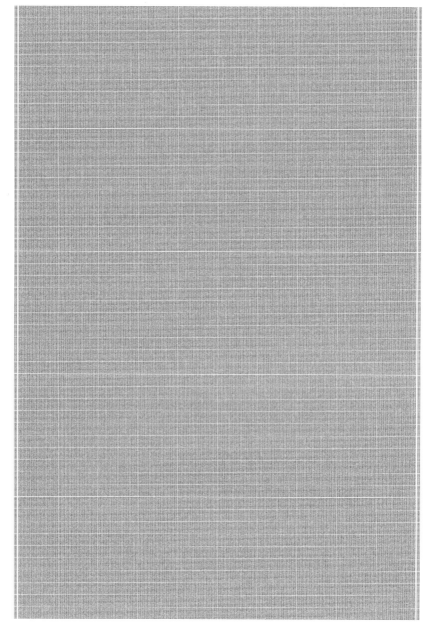

21500000–21000001   The decimal representation of M136279841

M136279841 十進数表示 21000000–20500001

The decimal representation of M136279841 21000000–20500001

20500000–20000001 M136279841 十進数表示

20500000–20000001 The decimal representation of M136279841

M136279841 十進数表示 20000000-19500001

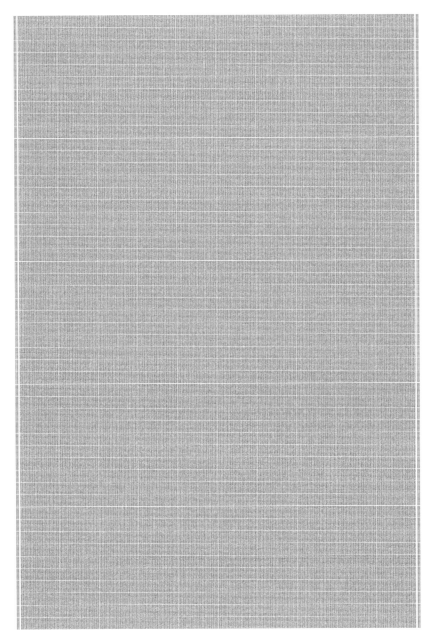

The decimal representation of M136279841 20000000-19500001

19500000–19000001 M136279841 十進数表示

19500000–19000001 The decimal representation of M136279841

M136279841 十進数表示 19000000–18500001

The decimal representation of M136279841 19000000–18500001

18500000–18000001 M136279841 十進数表示

18500000–18000001 The decimal representation of M136279841

M136279841 十進数表示 18000000–17500001

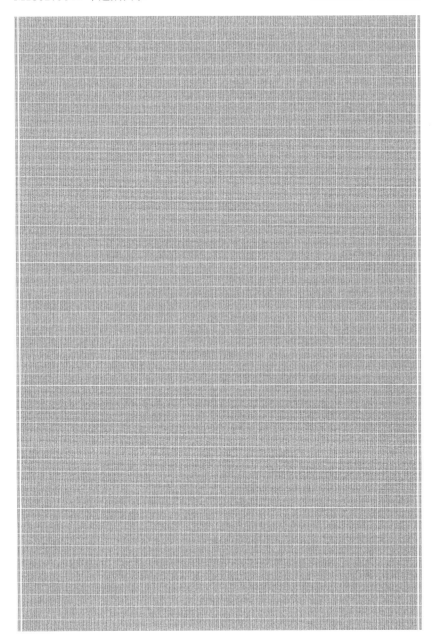

The decimal representation of M136279841 18000000–17500001

17500000–17000001 M136279841 十進数表示

17500000–17000001 The decimal representation of M136279841

M136279841 十進数表示　　　　　　　　17000000–16500001

The decimal representation of M136279841　　　17000000–16500001

16500000–16000001 M136279841 十進数表示

16500000–16000001 The decimal representation of M136279841

M136279841 十進数表示

16000000–15500001

The decimal representation of M136279841   16000000–15500001

15500000–15000001   M136279841 十進数表示

15500000–15000001   The decimal representation of M136279841

M136279841 十進数表示　　　　　　　　15000000–14500001

The decimal representation of M136279841　　　15000000–14500001

14500000–14000001   M136279841 十進数表示

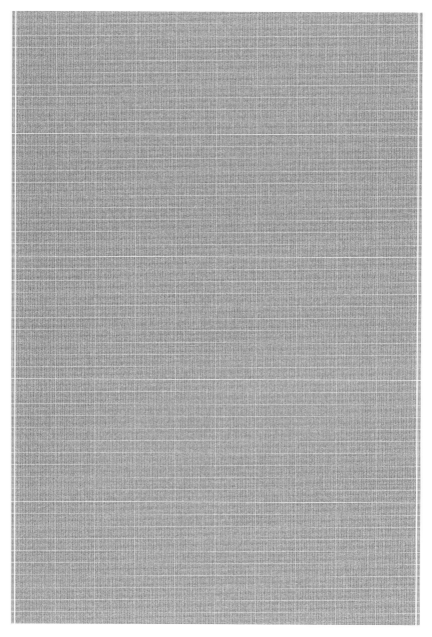

14500000–14000001   The decimal representation of M136279841

M136279841 十進数表示　　　14000000–13500001

The decimal representation of M136279841　　　14000000–13500001

13500000–13000001 M136279841 十進数表示

13500000–13000001 The decimal representation of M136279841

M136279841 十進数表示　　　　　　　13000000–12500001

The decimal representation of M136279841　　　13000000–12500001

12500000–12000001 M136279841 十進数表示

12500000–12000001 The decimal representation of M136279841

M136279841 十進数表示　　　　　　　　12000000–11500001

The decimal representation of M136279841　　　　12000000–11500001

11500000–11000001 M136279841 十進数表示

11500000–11000001 The decimal representation of M136279841

M136279841 十進数表示 11000000–10500001

The decimal representation of M136279841 11000000–10500001

10500000–10000001 M136279841 十進数表示

10500000–10000001 The decimal representation of M136279841

M136279841 十進数表示　　　　　　　　　10000000–09500001

The decimal representation of M136279841　　　　10000000–09500001

09500000–09000001   M136279841 十進数表示

09500000–09000001   The decimal representation of M136279841

M136279841 十進数表示 09000000–08500001

The decimal representation of M136279841 09000000–08500001

08500000–08000001   M136279841 十進数表示

08500000–08000001   The decimal representation of M136279841

M136279841 十進数表示　　　　　　　　　　08000000–07500001

The decimal representation of M136279841　　　　08000000–07500001

07500000–07000001 M136279841 十進数表示

07500000–07000001　　　　　The decimal representation of M136279841

M136279841 十進数表示　　　　　　　　07000000–06500001

The decimal representation of M136279841　　　07000000–06500001

06500000–06000001 M136279841 十進数表示

06500000–06000001 The decimal representation of M136279841

M136279841 十進数表示　　　　　　　　06000000–05500001

The decimal representation of M136279841　　　06000000–05500001

05500000–05000001 M136279841 十進数表示

05500000–05000001 The decimal representation of M136279841

M136279841 十進数表示　　　　　　　　05000000–04500001

The decimal representation of M136279841　　　05000000–04500001

04500000–04000001　　　　　　　　　　　　　M136279841 十進数表示

04500000–04000001　　　　　　The decimal representation of M136279841

M136279841 十進数表示　　　　　　　　04000000–03500001

The decimal representation of M136279841　　　04000000–03500001

03500000–03000001   M136279841 十進数表示

03500000–03000001   The decimal representation of M136279841

M136279841 十進数表示　　　　　　　　03000000–02500001

The decimal representation of M136279841　　　03000000–02500001

02500000–02000001 M136279841 十進数表示

02500000–02000001 The decimal representation of M136279841

M136279841 十進数表示　　　　　　　　02000000–01500001

The decimal representation of M136279841　　　　02000000–01500001

01500000–01000001 M136279841 十進数表示

01500000–01000001 The decimal representation of M136279841

M136279841 十進数表示 01000000–00500001

The decimal representation of M136279841 01000000–00500001

00500000–00000001　　　　　　　　　　　　　　M136279841 十進数表示

00500000–00000001　　　　　　The decimal representation of M136279841

あとがき

2024 年 10 月 21 日、数学の世界からビッグニュースが飛び込んできました！6 年ぶりに人類が見つけた最大の素数記録が更新されたのです。素数って何？ という方には簡単におさらいを。素数とは、1 と自分自身以外では割り切れない数のこと。例えば 2, 3, 7, ... がその代表選手。で、今回見つかったのは**メルセンヌ素数**という $2^N - 1$ という特別な形の素数。素数であることを証明するためには 1 と自分自身以外の数字で割り切れないことを確認しないといけないため、数字が大きくなっていくと素数かどうかの確認が段々難しくなり、コンピュータを使って計算しても膨大な時間がかかってしまいます。

今回発見された新たな素数は $2^{136279841} - 1$、つまり 2 を 1 億 3627 万 9841 回掛け算して 1 を引いた数字。10 進表記で **4102 万 4320 桁**というとんでもなく巨大な素数。これがいかに大きい数字なのか、この本を見て伝わりますでしょうか？ この数字を全部書くのは大変なので通称 $M_{136279841}$ と呼ばれています。ちなみに、2 進数表記だと 1 を **1 億 3627 万 9841 個**並べた数字になります。これが素数だなんて不思議ですよね。なんだか割り切れない気持ちも……。

この歴史的な発見を成し遂げたのは、米国カリフォルニア州サンノゼに住む 36 歳の研究者、**ルーク・デュラント（Luke Durant）**さん。彼は、元 NVIDIA の社員で、**GPU（Graphics Processing Unit）**の開発現場にいました。GPU って、ゲームで使うものじゃないの？ と思われるかもしれませんが、実はこの GPU、最近はゲームだけでなく、大量の並列計算を高速に行う汎用用途に使われています。膨大な計算能力を駆使して暗号通貨を発掘したり、最近では機械学習や生成 AI の**大規模言語モデル（LLM）**の学習にも GPU が使われています。この計算力を巨大な素数を検証するのにも使えると思ったルークさんは、世界中の GPU を使って新しい素数を探し出すというプロジェクトに挑戦しました。

今回の発見にはルークさん一人だけでなく、数千人ものボランティアが協力しています。彼らは **GIMP（Great Internet Mersenne Prime Search）**というプロジェクトに参加し、世界中のコンピュータや GPU を駆使して、新たな素数を探索しています。GIMPS は 1996 年に設立され、以来次々と巨大なメルセンヌ素数を発見してきました。今回発見された $M_{136279841}$ は 52 番目に発見されたメルセンヌ素数です。ちなみに 51 番目に発見されたメルセンヌ素数 $M_{82589933}$ は 2018 年 12 月 21 日に発見されたので、約 6 年ぶりの記録更新です。

「GPU で素数探し？ 本当にそんなことができるの？」 ルークさんは、素数探しを進化させた立役者の一人です。昔は普通のパソコンで計算して素数を探して

いたのですが、2017年にミハイ・プレダ（Mihai Preda）さんが"GpuOwl"というソフトウェアを開発し、GPUでの素数探索が可能になりました。それにより、今回のような巨大な数も計算できるようになって、素数探索が新たな次元に突入したのです。

　ルークさんは世界17ヵ国24ヵ所のデータセンターにまたがるクラウド上に数千台ものGPUを使ったスーパーコンピュータの仕組みを作り上げ、ついに2024年10月12日、アイルランド・ダブリンのデータセンターにあるNVIDIA A100 GPUが「$M_{136279841}$ はおそらく素数候補かも」と報告したのです。そしてその翌日、テキサス州サン・アントニオのNVIDIA H100 GPUが素数を判定するリュカ-レーマー・テストを完了し、その時点での人類史上最大の素数が発見されたことが証明されました。

　「じゃあ、その素数、何に使えるの？」「こんなに大きな素数、一体何に使うの？」という質問が出てくると思います。正直に言うと、現時点でこの巨大な素数自体に直接の用途はありません。しかし、歴史が証明しているように、素数の研究は後に非常に実用的な技術につながることがあります。公開鍵暗号の一つであるRSA暗号のように、素数の性質を利用したデジタル署名の技術はインターネット上で広く使われています。今回発見された素数も将来どこかで重要な役割を果たすかもしれません。

　さらに、メルセンヌ素数にはもう一つ面白い特徴があります。実は、このような巨大なメルセンヌ素数を見つけると、それに対応する**完全数**も得られる[*1]のです。完全数とは、自分の約数の合計が自分自身と同じになる数のことです。例えば、6（$1+2+3=6$）や28（$1+2+4+7+14=28$）がその代表です。今回の発見によって、8200万桁以上にも及ぶ巨大な完全数が誕生したというわけです。

　「なぜ、ルークさんはこれをやったの？」ルークさんが素数探しに没頭したのは、ただの趣味ではありません。彼は、GPUがゲームやAIだけでなく、科学や数学の基礎研究にも大いに役立つことを証明したかったのです。GIMPSプロジェクトに参加し、世界最大の素数を見つけ出したことは、彼の名誉とともに、GPUの新たな可能性を世に示す絶好の機会となりました。

　ルークさんの発見は単なる科学的な成果にとどまらず、3000ドルの賞金をもらいました。この賞金は、GIMPSが新しい素数を発見した人に贈るものです。

　ルークさんはこのお金を母校のアラバマ数学科学学校（全寮制高校）に全額寄付するそうです。電子フロンティア財団（Electronic Frontier Foundation）は

[*1] 定理：2^N-1 が素数となる正の整数 N に対して、$n=2^{N-1}(2^N-1)$ は完全数となる。

1 億桁の素数の発見者に対して 15 万ドルの賞金を用意して待っています。

「次はあなたが発見者になるかも？」GIMPS は、誰でも参加できるプロジェクトです。家にパソコンがあるなら、あなたも世界最大の素数を見つけるチャンスがあるのです。もしかしたら、次のメルセンヌ素数の発見者はあなたかもしれません。GIMPS のウェブサイト（https://www.mersenne.org/）からソフトウェアをダウンロードし、歴史に名を刻む挑戦に参加してみませんか？

数学というと、難解でとっつきにくいと思われがちですが、こうした素数探索のプロジェクトに参加することで、世界の科学や数学の発展に貢献できるというのは、ちょっとワクワクする話ですよね。誰もが夢見る歴史に名を刻むチャンスは、意外と素数探しにあるのかもしれません。さあ、あなたも次の素数探しの冒険の旅に出発しましょう！

出典：GIMPS Discovers Largest Known Prime Number: $2^{136,279,841} - 1$
https://www.mersenne.org/primes/?press=M136279841

付録

$M_{136279841}$ の数字を出力する Python のプログラムは以下の通りです。

```
import sys
sys.set_int_max_str_digits(100000000)
print(pow(2,136279841)-1, end='')
```

ちなみに、C 言語で無理やり計算すると以下となります。

```
#include<stdio.h>
int i=136279841,a[41024322],d=1,j,c;main(){for(*a=1;
    i--;d=j)for(j=0;j<d||c;a[j++]%=10)c=(a[j]+=a[j]+c
    )>9;for(--*a;d--;)putchar(48+a[d]);}
```

さらに、シェルスクリプトでは 1 行のワンライナーで実行できます。

```
echo "2^136279841-1" | bc | tr -cd 0-9
```

出力される数字列は 41,024,320 バイト、約 39.18MB の大きさになります。

Q. $M_{136279841}$ はこれで全部ですか？

A. はい。 $M_{136279841}$ の十進数表示はこれで全部です。最初は 8816943275…
から始まり、途中 4102 万 4300 桁の後…9486871551 で終わる数字です。

Q. $M_{136279841}$ は最大の素数ですか？

A. いいえ。素数は無限に存在することが証明されているので、$M_{136279841}$ よ
り大きい素数も無限に存在します。数学の世界はとても広いですね。

Q. 印刷されている数字がものすごく小さくて読みにくいのですが？

A. 仕様です。フォントは一文字あたりおよそ縦 0.3 mm ×横 0.1 mm です
が、印刷しても各数字が判別できるよう独自に開発した精細フォントを使
用しています。そして、本書は素晴らしい印刷技術に支えられているの
です。

Q. 著作権はどうなっていますか？

A. $M_{136279841}$ は創作物ではなく、この本はただの事実の羅列なので、この本
の主要部分に著作権はありません。他の部分についても著作権を放棄しま
す。引用・転載・複製など自由にやっていただいてけっこうです。

えむ いちおくさんぜんろっぴゃくにじゅうななまんきゅうせんはっぴゃくよんじゅういち しゅくさつばん
$M_{136279841}$ 縮刷版

2024 年 11 月 9 日 初版 発行	
著　者	真実のみを記述する会　（しんじつのみをきじゅつするかい）
	竹迫 良範　（たけさこ よしのり）　※あとがき
発行者	星野 香奈　（ほしの かな）
発行所	同人集合 暗黒通信団　(https://ankokudan.org/d/)
	〒277-8691 千葉県柏局私書箱 54 号 D 係
印刷所	有限会社 ねこのしっぽ
	製版機 三菱製紙株式会社 FREDIA Eco Wz
	印刷機 株式会社小森コーポレーション SPICA 26P
	本文紙 北越コーポレーション株式会社 上質紙 キンマリ SW
本　体	881 円 / ISBN978-4-87310-881-0 C3041

Σ　これより大きな素数が発見されたとしても、それを理由にした
本書の返品・返金は固くお断りいたします。

◎ Copyleft 2024 暗黒通信団　　　　　　Printed in Japan

ISBN 978-4-87310-881-0
C3041 ¥881E
本体 881 円

THE DARKSIDE COMMUNICATION GROUP